Tapioca

珍珠奶茶　水果茶
開店夢想技術教本

#什麼是珍珠飲品?

#調製的技術

#基底飲料

#糖漿、醬汁

#配料

#包裝材料

#食譜

#開一家手搖飲料店

片倉康博　田中美奈子

瑞昇文化

前言

珍珠飲品的魅力與潛力

什麼是珍珠？

珍珠是用木薯粉——從「木薯」這種薯類的根部萃取出來的澱粉——製作出來的，它在冷藏及常溫保存下都會變硬，於是加入黑糖糖漿一起保溫，過程中就誕生出黑糖奶茶了。

珍珠在保溫狀態下，木薯粉會溶解出來而出現黏稠狀的黏液。當這個黏液牢牢黏在透明杯壁上，這時候倒入奶茶，便會出現老虎斑紋，成為令人驚艷的黑糖奶茶。

取代咖啡的創意飲料

現在的年輕人不愛喝黑咖啡，喜歡喝特調的、口味甜美的花式咖啡。

茶飲也一樣，除了大家熟悉的珍珠奶茶，還有上面加了起司奶蓋的奶蓋茶、加了水果配料的水果茶飲等，感覺就像在吃甜點般，難怪大受歡迎。而珍珠獨特的Q彈口感，正是高回購率的主因。

壓力社會中
人手一杯的咖啡因飲料

同咖啡一樣，茶飲也含有大量的咖啡因。不過，人們即便不能喝咖啡，卻幾乎都能喝茶。目前坊間雖有不少咖啡館，但在此之前，很多店家都是以提供茶飲為主。咖啡因具有抑制睡意、提高專注力、消除疲勞等功效。針對需要咖啡因卻不能喝咖啡的客群，聰明的商人便研發出特調茶飲，其中人氣最高的，可說非珍珠飲品莫屬了。

社群網路時代，
網美必拍的珍奶
「打卡美照」

隨著ＩＧ等相片分享程式的普及，能不能拍出「打卡美照」，成為該場所或商品能不能受歡迎的重要因素。

以珍珠飲品來說，飲料本身、杯子款式、店內牆壁及店家標誌等，若皆以供人拍照為前提而用心設計，當客人紛紛將美麗的相片上傳到社群網站後，等於形成一股重要的宣傳廣告潮流。

尤其年輕網美們喜歡拿著珍珠飲品拍照、上傳，現在更是流行邊走邊喝了。

開店成本低廉

開珍珠飲品店，最大的好處便是設備少而成本低廉了。

只要有煮茶、珍珠、熱水的器具就能開業，展店容易也是一大魅力。

珍珠飲品還藏著不可思議的潛力。

我們開始吧！

※備註：本書為日文翻譯書籍，以日本人角度呈現不同風味的手搖飲品，可能有國情文化上的差異，僅供讀者參考。

CONTENTS

CHAPTER 1

什麼是珍珠飲品？

■客製化

以提供外帶珍珠飲品、水果茶飲、果昔等為主的手搖飲料店來說，一般都是選擇杯子的大小、基底飲料，再決定喜歡的糖漿與甜度。除此之外，還能依當時的心情選擇加入的配料、冰塊分量等，魅力就在可以完全客製化。

■基底飲料

紅茶、綠茶、烏龍茶、花茶、牛奶、咖啡、果汁等飲料，全都可以當成基底使用。

■糖漿

糖漿的作用不只是增加甜度，也能增添風味。可直接使用市售的糖漿，也可加以混合，或是自製糖漿，創造出獨門風味。

一般來說，甜度可指定為無糖的0%、半糖的50%（15g）、正常的100%（30g）、多糖的150%（45g）、200%（60g）等。

■配料

茶飲的配料可說不勝枚舉。從珍珠、椰果、果凍、蘆薈等口感QQ、ㄉㄨㄞㄉㄨㄞ的，到起司奶蓋等奶油系配料，全都擁有高人氣。也可使用奧利奧餅乾碎片或各種粉類，然後利用模型來繪製圖案。原則上是加價再加料，但為方便消費者點購並提升製作效率，店家會設定好加上特定配料的飲料價格。

■冰塊分量

不敢喝冰飲的人可選擇去冰。如果不馬上喝，可選擇少冰以免味道變淡。喜歡冰吱吱的人可選擇多放點冰塊。去冰或少冰的話，飲料的分量就得增加，有些店家便會酌量加價。

客製化珍珠飲品的選項

杯子的容量會依款式而異，基底飲料、糖漿、配料的種類、甜度、冰塊分量等，也是每家店不盡相同。這裡所介紹的只是一個參考標準，請依照店鋪的風格、規模、所在地點等加以調整。

1. 選擇杯子的大小

（※ 標示容量僅供參考）

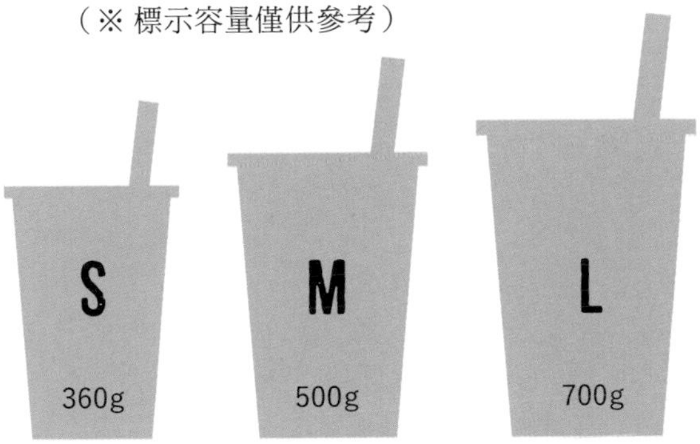

2. 選擇基底飲料

茶類基底

- □ 烏龍茶基底
- □ 茉莉花茶基底
- □ 紅茶基底
- □ 日本茶基底

其他

- □ 優酪乳基底
- □ 杏仁奶基底

3. 選擇糖漿和甜度

無糖 0%　半糖 50%　正常 100%　多糖 150%　200%

4. 選擇配料

- □ 珍珠
- □ 黑糖珍珠
- □ 杏仁
- □ 布丁
- □ 起司奶蓋
- □ 綜合蜜漬莓果
- □ 椰果
- □ 蘆薈

5. 選擇冰塊分量

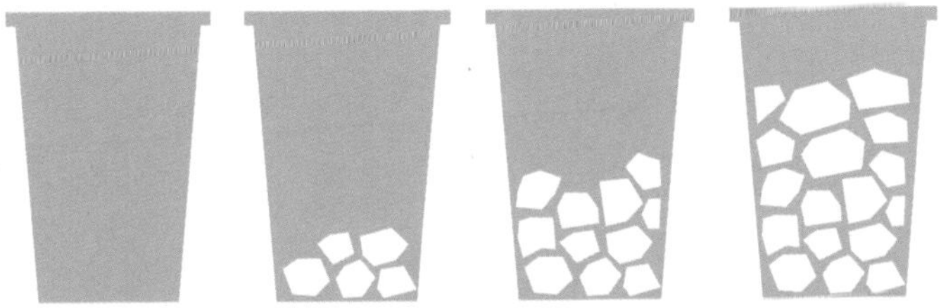

去冰　少冰　正常　多冰

02

CHAPTER

2

基底飲料的調製方法

珍珠飲品與水果茶飲的基底飲料有很多種，例如茶、咖啡、牛奶、果昔等。

製作方式則會隨著投入成本的高低，以及具備多少調製的知識與技術而定。

如果是將萃取後的茶湯保溫起來的話，當客人點冷飲時，就用雪克杯使之急速冷卻。

如果是將萃取後的茶湯冰起來的話，當客人點冷飲時，就可以直接提供，若點的是熱飲，就用蒸汽加熱機加熱。這部分可根據店鋪的風格及季節變換來調整。

如果是將茶湯用糖漿、醬汁、果汁等來稀釋的話，茶湯要是不夠濃，味道就會太淡，因此必須多放點茶葉來萃取出濃茶。

不過，濃茶含較多的單寧酸和咖啡因，結合後容易白濁化（溫熱狀態時清澈，冷卻後變濁）。這時只要加入一點點砂糖，就能讓單寧酸與咖啡因不易結合而抑制白濁化了。

此外，硬水中含有礦物質，會讓茶葉精華不易溶解出來，因此務必使用軟水。尤其電解水能夠迅速吸收素材的成分，讓茶湯甘甜且香氣怡人。

高人氣的奶茶在製作上有點麻煩，但只要將茶湯煮好，加入牛奶，便有濃郁的風味。有些店家會使用奶精，先萃取出正常濃度的茶湯，放入奶精，再用雪克杯搖出來。使用奶精的話，要用溫熱的基底飲料才會溶化。

奶精的好處是可以藉用量來調整濃度，非常方便，而且不必放入冰箱，但牛奶就得放入冰箱冷藏，若須大量使用就會很麻煩。不過，奶精的風味實在差牛奶一截。

烏龍茶基底

冷卻茶湯時，加入一點點細砂糖就不會出現白濁現象了。冷泡的話，單寧酸不易溶於水中，因此不會白濁化。

※ 白濁化：單寧酸與咖啡因結合而使茶湯變得白濁。

金宣烏龍

蜜香烏龍

白桃烏龍

冷飲

材料 （完成後約 1kg）

茶葉 22g

熱水 700g

冰塊 約400g

（加入冰塊後，全體約為 1kg）

作法

① 將茶葉放入95℃的熱水中，浸泡3分鐘。

② 將細砂糖1g放入①中。

※不是為了增加甜度，而是為了抑制白濁化。

③ 放入冰塊冷卻，然後過濾。

熱飲

材料 （完成後約 1kg）

茶葉 22g

熱水 1100g

作法

① 將茶葉放入95℃的熱水中，浸泡3分鐘。

冷泡烏龍茶基底

材料 （完成後約 1kg）

茶葉 10g

冷水 1100g

作法

① 將材料放入容器中，再放入冰箱冷藏半天以上。

紅茶基底

冷飲

材料
（完成後約 1kg）

茶葉 22g
熱水 700g
冰塊 約400g
（加入冰塊後，全體約為 1kg）

作法

① 將茶葉放入100℃的熱水中，浸泡3分鐘。
② 將細砂糖1g放入①中。
③ 放入冰塊冷卻，然後過濾。

熱飲

材料
（完成後約 1kg）

茶葉 22g
熱水 1100g

作法

① 將茶葉放入100℃的熱水中，浸泡3分鐘。

冷泡紅茶基底

材料
（完成後約 1kg）

茶葉 10g
冷水 1100g

作法

① 將材料放入容器中，再放入冰箱冷藏半天以上。

奶茶基底

烏瓦紅茶

茉莉花茶

焙茶

材料 （完成後約 1kg）

與牛奶相搭的茶葉 36g
水 300g
牛奶 900ml

作法

① 將牛奶以外的材料放入鍋中，煮沸。
② 轉小火，煮至剩下1/3量，放涼。
③ 倒入牛奶，過濾。
④ 擠壓濾茶網中的茶葉，擠出精華成分。

※倒入牛奶時，先倒入半量，過濾，然後像要沖洗附著於鍋壁的茶葉般，倒入剩餘的半量牛奶，最後過濾即可。

茉莉花茶基底

冷飲

材料
（完成後約 1kg）

茶葉 22g
熱水 700g
冰塊 約400g
（加入冰塊後，全體約為 1kg）

作法

① 將茶葉放入85℃的熱水中，浸泡3分鐘。
② 將細砂糖1g放入①中。
③ 放入冰塊冷卻，然後過濾。

熱飲

材料
（完成後約 1kg）

茶葉 15g
熱水 1100g

作法

① 將茶葉放入85℃的熱水中，浸泡3分鐘。

冷泡茉莉花茶基底

材料
（完成後約 1kg）

茶葉 10g
冷水 1100g

作法

① 將材料放入容器中，再放入冰箱冷藏半天以上。

抹茶基底

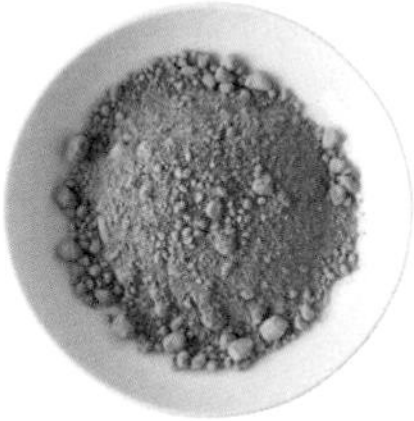

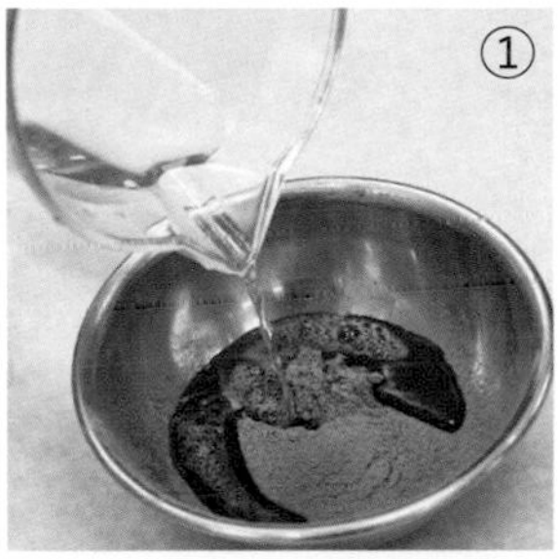

材料 （完成後約 500g）

石臼研磨抹茶 45g
熱水 450g

作法

① 將抹茶放入調理盆中，注入75℃的熱水，燜5分鐘以上。
② 將①放在裝滿冰塊的調理盆上面冰鎮。
③ 用手持電動攪拌棒攪拌。

焙茶基底

冷飲

材料 （完成後約 1kg）

茶葉 22g

熱水 700g

冰塊 約400g

（加入冰塊後，全體約為 1kg）

作法

① 將焙茶稍微烘焙一下。

② 將①的焙茶放入100℃的熱水中，浸泡3分鐘。

③ 將細砂糖1g放入②中。

④ 放入冰塊冷卻，然後過濾。

熱飲

材料 （完成後約 1kg）

茶葉 22g

熱水 1100g

作法

① 將茶葉放入100℃的熱水中，浸泡3分鐘。

冷泡焙茶基底

材料 （完成後約 1kg）

茶葉 10g

冷水 1100g

作法

① 將材料放入容器中，再放入冰箱冷藏半天以上。

綠茶基底

冷飲

材料
（完成後約1kg）

茶葉 22g
熱水 700g
冰塊 約400g
（加入冰塊後，全體約為1kg）

作法

① 將茶葉放入70℃的熱水中，浸泡3分鐘。
② 將細砂糖1g放入①中。
③ 放入冰塊冷卻，然後過濾。

熱飲

材料
（完成後約1kg）

茶葉 22g
熱水 1100g

作法

① 將茶葉放入70℃的熱水中，浸泡3分鐘。

冷泡綠茶基底

材料
（完成後約1kg）

茶葉 15g
冷水 1100g

作法

① 將材料放入容器中，再放入冰箱冷藏半天以上。

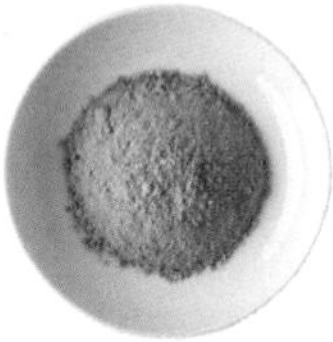

綠茶粉基底

材料
（完成後約1kg）

綠茶粉 7g
水 1000g

作法

① 將綠茶粉放入容器中，注入水，然後拌勻。

杏仁奶基底

（完成後約 1kg）

材料

（完成後約 320g）

杏仁 100g
水 400g

作法

① 將杏仁泡水半天。
② 將①的杏仁和半量的水放入調理機中，攪打至呈糊狀。
③ 將①的剩餘的水放入②中，繼續攪打。
④ 用廚房紙巾或濾網等來過濾。

優酪乳基底

使用市售的優酪乳成品即可。
（圖為日本「中澤乳業株式會社」的優酪乳）

CHAPTER

3

糖漿、醬汁的調製方法

不論是珍珠飲品或水果茶飲，都有一個不可忽略的重要元素，就是「糖漿」與「醬汁」。將糖漿或醬汁加入飲料中，除了可增加甜度，還能變化風味。

有些店家會製作獨門的、不使用添加物的糖漿和醬汁，有些店家則使用已經做好的成品。全部自己做固然辛苦，但美味將別樹一格。例如，使用當令水果來製作糖漿和醬汁，不但能讓飲料的品項更豐富，也能提升顧客滿意度。

製作糖漿與醬汁時有一個重點，就是要煮得比較濃，才不會稀釋飲料。砂糖類的糖漿，砂糖與水的最佳比例為10：7。砂糖放太多的話，時間一久，砂糖會結晶化；水放太多的話，甜度會降低，多放一些到飲料中，飲料的味道就淡掉了。

水果醬汁的話，先將水果用果汁機打成糊狀，再用茶濾網等濾渣，僅取果汁部分。

芒果、檸檬、萊姆等高濃度、酸度的水果，放糖後加熱，待溶化後即可直接使用。

西瓜、哈密瓜、葡萄柚、草莓等多汁的水果，則要熬煮到剩下1/3～2/3的量。

水果中的果膠，和糖、檸檬的酸一起加熱會變成果凍般，讓醬汁呈黏稠狀。檸檬的檸檬酸具有發色效果，加入飲料中，會讓果汁的顏色更鮮艷。

在甜度高、酸度低的水果中多加一點檸檬汁，會讓滋味平衡而更爽口，不過，甜味會依水果的不同而改變。請隨時用糖度計測量，或在完成階段試一下濃度及甜度，這點十分重要。

黍砂糖漿

材料 （完成後約 1kg）

黍砂糖 600g

水 420g

※黍砂糖：水＝10：7

作法

① 將材料放入鍋中。

② 煮至溶化後，放涼。

黑糖漿

材料 （完成後約 1kg）

黑糖 600g

水 420g

※黑糖：水＝10:7

作法

① 將材料放入鍋中，煮至溶化後，放涼。

馬薩拉糖漿

材料　（用 10 倍分量可做出約 600g 的糖漿）

生薑片 10g
丁香（整個） 3個
小豆蔻（整顆） 6顆
※必須先剝開，再放入殼與種籽
肉桂皮（整個） 2g
八角 2個
月桂葉（整片） 1片
黑胡椒（整粒） 50粒
水 100g
蜂蜜 30g

作法

① 將蜂蜜以外的材料放入鍋中，
煮至剩下1/3量，然後過濾。
② 放入蜂蜜，使之溶化。
※糖汁太少時，就加水冷卻。
※若想節省時間，可於過濾前加入蜂蜜。

蜂蜜檸檬糖漿

材料　（完成後約 1kg）

蜂蜜 500g
檸檬汁 500g
※蜂蜜：檸檬汁＝1:1

作法

① 將材料全部混合即可。

草莓醬汁

材料

（由於採熬煮方式，以10倍分量去做，可做出約1kg的醬汁）

草莓 110g
細砂糖 45g
檸檬汁 10g

作法

① 將草莓、細砂糖、檸檬汁的半量混合在一起，用手持電動攪拌棒攪拌，然後以小火加熱，熬煮至剩下2/3量。
② 拿離火源，將剩餘的檸檬汁倒進去。
③ 放在裝滿冰塊的調理盆上面冰鎮，然後以濾茶網過濾。

檸檬醬汁

材料

（用5倍量可做出約1kg的醬汁）

檸檬（榨汁後） 100g
細砂糖 100g

作法

① 將檸檬連皮用低速榨汁機榨汁，再用濾茶網過濾。
② 將①放入鍋中，再拌入細砂糖，用小火加熱至細砂糖溶化為止。
③ 拿離火源，放在裝滿冰塊的調理盆上面冰鎮，然後以濾茶網過濾。

萊姆醬汁

材料

（用5倍量可做出約1kg的醬汁）

萊姆（榨汁後） 50g
100%萊姆汁 60g
細砂糖 140g

作法

① 將萊姆連皮用低速榨汁機榨汁，再用濾茶網過濾。
② 將①和100%萊姆汁、細砂糖一起放入鍋中，用小火加熱至細砂糖溶化為止。
③ 拿離火源，放在裝滿冰塊的調理盆上面冰鎮，然後以濾茶網過濾。

奇異果醬汁

材料

（由於採熬煮方式，以 10 倍分量去做，可做出約 1kg 的醬汁）

奇異果（榨汁後） 100g
細砂糖 50g
檸檬汁 5g

作法

① 奇異果去皮，用低速榨汁機榨汁，倒入半量的檸檬汁。
② 將①放入鍋中，再拌入細砂糖，以小火加熱至剩下2/3量。
③ 拿離火源，倒入剩餘的檸檬汁，放在裝滿冰塊的調理盆上面冰鎮，然後以濾茶網過濾。

蜜桃醬汁

材料

（由於採熬煮方式，以 10 倍分量去做，可做出約 1kg 的醬汁）

蜜桃（榨汁後） 100g
細砂糖 40g
檸檬汁 5g

作法

① 用開水燙過桃子後去皮，再用低速榨汁機榨汁，倒入半量的檸檬汁。
② 將①放入鍋中，再拌入細砂糖，以小火加熱至剩下2/3量。
③ 拿離火源，倒入剩餘的檸檬汁，放在裝滿冰塊的調理盆上面冰鎮，然後以濾茶網過濾。

粉紅葡萄柚醬汁

材料

（由於採熬煮方式，以 10 倍分量去做，可做出約 500g 的醬汁）

粉紅葡萄柚（榨汁後） 100g
細砂糖 50g
檸檬汁 5g

作法

① 將粉紅葡萄柚榨汁後，用濾茶網過濾，再倒入半量的檸檬汁。
② 將①放入鍋中，再拌入細砂糖，以小火加熱至剩下1/3量。
③ 拿離火源，倒入剩餘的檸檬汁，放在裝滿冰塊的調理盆上面冰鎮，然後以濾茶網過濾。

芒果醬汁

材料

（以 7 倍分量去做，可做出約 1kg 的醬汁）

芒果（榨汁後） 100g
細砂糖 40g
100%萊姆汁 10g

作法

① 芒果去皮後，用低速榨汁機榨汁，再倒入半量的萊姆汁。
② 將①放入鍋中，再拌入細砂糖，以小火加熱至細砂糖溶化。
③ 拿離火源，倒入剩餘的萊姆汁，放在裝滿冰塊的調理盆上面冰鎮，然後以濾茶網過濾。

西瓜醬汁

材料

（由於採熬煮方式，以 10 倍分量去做，可做出約 500g 的醬汁）

西瓜（榨汁後） 100g
細砂糖 60g
檸檬汁 10g

作法

① 西瓜去籽，用低速榨汁機榨汁，再倒入半量的檸檬汁。
② 將①放入鍋中，再拌入細砂糖，以小火加熱至剩下1/3量。
③ 拿離火源，倒入剩餘的檸檬汁，放在裝滿冰塊的調理盆上面冰鎮，然後以濾茶網過濾。

哈密瓜醬汁

材料

（由於採熬煮方式，以 10 倍分量去做，可做出約 500g 的醬汁）

哈密瓜（榨汁後） 100g
細砂糖 40g
檸檬汁 10g

作法

① 哈密瓜去籽，用低速榨汁機榨汁，再倒入半量的檸檬汁。
② 將①放入鍋中，再拌入細砂糖，以小火加熱至剩下1/3量。
③ 拿離火源，倒入剩餘的檸檬汁，放在裝滿冰塊的調理盆上面冰鎮，然後以濾茶網過濾。

百香果醬汁

材料

（由於採熬煮方式，以 2.5 倍分量去做，可做出約 500g 的醬汁）

百香果（含籽） 100g
冰塊 100g
細砂糖 60g　檸檬汁 5g

作法

① 將百香果對半切開，取出裡面的果肉與種籽。
② 將① 放入鍋中，再拌入細砂糖，以小火加熱至細砂糖溶化。
③ 拿離火源，倒入剩餘的檸檬汁，放在裝滿冰塊的調理盆上面冰鎮，然後以濾茶網過濾。

墨西哥Chamoy醬汁

材料

（完成後約 520g）

森田辣椒 2根
羅望子醬 50g
杏桃果醬 250g
萊姆汁 118g
紅石榴糖漿 20g
黍砂糖 75g
玫瑰鹽粉 2.5g

作法

① 將材料全部放入調理機中，打成糊狀。

CHAPTER

4

配料的烹製方法

■珍珠

珍珠飲品必備的配料「珍珠」，以半熟、乾燥、冷凍、水煮等產品類型販售。

除了打開包裝便可直接使用的水煮珍珠外，下一頁起，將介紹半熟、乾燥、冷凍珍珠的烹煮方式。

用木薯粉做成的珍珠，製作上很費工夫，而且時間一久會變硬，但Q彈的口感很受歡迎。

不過，也有許多珍珠不是用木薯粉做的。這種珍珠加了添加物，煮好後放涼也不會變硬。而且因為是使用馬鈴薯粉，雖然沒有木薯粉那樣的Q彈口感，但不會變硬而浪費掉，對於用量少的店家來說比較方便。

珍珠中還有一種「黑糖珍珠」，是將黑糖糖漿揉進木薯粉中製作而成的，香味怡人，好吃極了。

還有一種摻了焦糖色素的珍珠，顏色同黑糖珍珠一樣，但成本較低，也沒有黑糖的香味，建議煮的時候放黑糖一起進去煮比較好。

■珍珠的煮法

煮黑糖珍珠時需特別注意，如果使用軟水來煮，珍珠中的黑糖精華會被溶解出來。

因此，應該用硬水來煮，或是煮的時候放一點黍砂糖或黑糖一起煮，黑糖精華就不容易溶解出來了。

■珍珠的煮汁

煮完珍珠後的煮汁不要丟掉，還有用途。

將煮汁再熬煮一下，會煮成黏稠狀的液體，這時請把黑糖放進去。製作高人氣的黑糖珍珠奶茶時，將黑糖珍珠、煮汁與黑糖混合起來的液體黏在杯子上，就能形成漸層效果，拍照後上傳社群網站，便是令人驚艷的打卡美照了。

■其他配料

除了珍珠以外，其他配料還有杏仁豆腐、布丁、椰果、蘆薈等，琳瑯滿目。備齊這些配料後，客人就有更多選擇了。

最佳配料是能夠增添飲料的口感，但其硬度必須是適合用吸管連同飲料一起吸入口中，大小也要切得合口才行。

■奶油系、粉類

鮮奶油或起司奶蓋等奶油系配料，由於是直接喝，最好打成鬆軟狀，如果太硬就不容易順利吸入口中，最後就會剩下來而浪費了。

辣椒萊姆調味料、可可或冷凍乾燥水果的粉末、抹茶等，都可以用來當配料。可以撒在飲料上更添鮮艷，或是用模型板來繪製圖案、文字等。

珍珠

半熟珍珠的煮法

① 取大約珍珠5～6倍量的水，以大火煮沸。

② 煮沸後放入珍珠，邊攪拌邊煮至再次沸騰後，轉中火，續煮20分鐘。

③ 拿離火源，蓋上鍋蓋，燜20分鐘。

④ 將③以濾網過濾，然後用流水輕輕沖洗。

※煮汁還有用途，不要丟棄。

⑤ 將④浸在糖漿中。

※半熟的珍珠煮好後，會膨脹成1.5倍大。

※用軟水煮的話，放入大約開水的0.5%量的黍砂糖，珍珠中的黑糖精華才不會溶解出來。

※煮法會隨珍珠製作廠商不同而改變。

冷凍珍珠的煮法

① 取大約冷凍珍珠5～6倍量的水，以大火煮沸。
② 煮沸後放入珍珠，邊攪拌邊煮至再次沸騰後，轉中火，續煮20分鐘。
③ 拿離火源，蓋上鍋蓋，燜20分鐘。
④ 將③以濾網過濾，然後用流水輕輕沖洗。
※煮汁還有用途，不要丟棄。
⑤ 將④浸在糖漿中。
※冷凍珍珠煮好後，會膨脹成1.5倍大。

乾燥珍珠的煮法

① 取大約珍珠5～6倍量的水，以大火煮沸。
② 煮沸後放入珍珠，邊攪拌邊煮至再次沸騰後，轉中火，續煮40～60分鐘。
③ 將②以濾網過濾，然後用流水輕輕沖洗。
※煮汁還有用途，不要丟棄。
④ 將③浸在糖漿中。
※乾燥珍珠煮好後，會膨脹成3倍大。

黑糖珍珠

材料
（完成後約 130g）

珍珠 100g
煮珍珠的煮汁 50g
黑糖 10g

作法

① 將材料放入鍋中。
② 邊煮邊從鍋底翻攪上來，以免黏鍋，煮至出現黏液。

杏仁豆腐

材料

（完成後約 640g ※ 飲料 8 杯分）

水 180g
吉利丁粉 5g
細砂糖 50g
杏仁霜 18g
牛奶 400g
杏仁奶 100g
鮮奶油 40g

作法

① 將吉利丁粉和細砂糖一起放入鍋中攪拌，加水，煮沸後轉小火，續煮2分鐘。

② 將剩餘材料放入另一口鍋中，煮至快要沸騰為止。

③ 將①和②混合。

④ 趁熱倒入耐熱容器中，待稍微散熱後放入冰箱冷藏2～3小時，使之凝固。

※步驟④時如果產生氣泡，只要用噴槍輕輕掃過便能消除，令表面光滑平整。

布丁

材料

（完成後約 400g ※ 飲料 5 杯分）

牛奶 300g

黍砂糖 總分量的1成

全蛋 1顆

蛋黃 2顆

香草精 1g

作法

① 將牛奶和黍砂糖一起放入鍋中，以中火加熱至70℃，拿離火源。

② 將全蛋和蛋黃放入調理盆中，確實攪散，然後將①分成2～3次放入，繼續攪拌。

※打發後，將氣泡仔細去掉，再用濾網過濾就會變得很滑順，可以烤得很漂亮。

③ 放入香草精來增添香氣。

④ 將布丁汁倒入容器中。

⑤ 取一方平底盤，裡面放入充足的熱水，將④排放進去，用140～150℃的烤箱烤30～40分鐘，亦即用隔水加熱的方式慢慢加熱完成。

綜合蜜漬莓果

材料

（完成後約 750g ※飲料 12 杯分）

綜合冷凍莓果 500g

細砂糖 250g

作法

① 將材料全部放入鍋中，以小火煮10分鐘。

② 拿離火源，用冰水冰鎮。

椰果

※切成可用吸管吸入的大小。

蘆薈

※切成可用吸管吸入的大小。

起司奶蓋

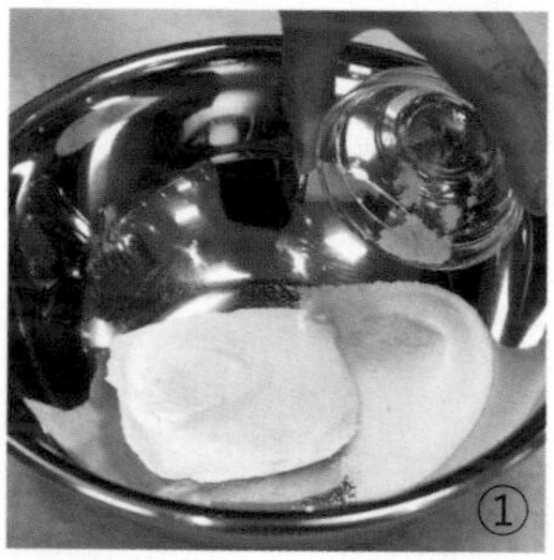

材料

（完成後約 420g ※ 飲料 7 杯分）

奶油起司 100g
細砂糖 40g
玫瑰鹽粉 2g
牛奶 60g
脂肪成分42%鮮奶油 200g
煉乳 20g

作法

① 將奶油起司、細砂糖、玫瑰鹽粉放入調理盆中，用橡皮刮刀拌勻。
② 將牛奶一點一點放進去，用手持電動攪拌棒攪拌。
③ 將鮮奶油與煉乳放入另一個冰過的調理盆中，用手持電動攪拌棒打發至5分發泡。
④ 將②和③拌勻。

辣椒萊姆調味料

材料

（完成後約 177g）

辣椒粉 23g
煙燻甜椒粉 23g
萊姆粉 100g
孜然粉 8g
卡宴辣椒粉 2g
蒜粉 5g
洋蔥粉 8g
香菜粉 4g
玫瑰鹽粉 12.5g
黍砂糖 6g

作法

① 將材料全部拌勻。

CHAPTER

5

珍珠飲品的包裝材料

■選擇適合外帶的杯子

說到珍珠奶茶和水果茶飲，雖然有些店家會提供店內享用，但主流還是以外帶為前提而以塑膠杯提供給消費者。手拿飲料，拍出所謂的「打卡美照」後上傳，這種新式消費行為與珍珠飲品旋風大有關連。只要是人氣店家，都會在塑膠杯上印上商標，或是使用設計感十足的杯子，力圖在網路世界闖出一片天。

在飲料中放入大量的珍珠，有時上面還加了起司奶蓋，因此在台灣和大陸，店家使用的杯子都比咖啡用杯子大，通常是500g、700g兩種。不過，一如第8頁介紹的，在日本也提供小杯的茶飲。

請考量店鋪的理念、地點、客層的屬性、運作方便性等因素，再決定要採用大、中、小三種或是中杯和大杯兩種尺寸，然後再選擇杯子。

■包裝也是一種宣傳工具

販賣外帶茶飲時，一定要提供杯蓋以免飲料外溢。知名珍珠飲品連鎖店都是使用「封杯機」這種包裝機器，在杯子上封住一片封杯膜。

機器本身並不貴，但要在封杯膜上加上獨創的設計，就得一次訂製相當的分量，成本自然提高。如果是個人經營的小店，主流做法是用塑膠杯蓋蓋在杯子上再提供給消費者。

吸管的粗細則必須符合珍珠的大小。

對於在街上及社群網站上蔓延開來的珍珠飲品而言，包裝材料也是一種宣傳工具，因此如何展現獨創性也是相當重要的一環。

杯子

吸管

杯蓋

CHAPTER

6

珍珠奶茶＆水果茶飲的食譜

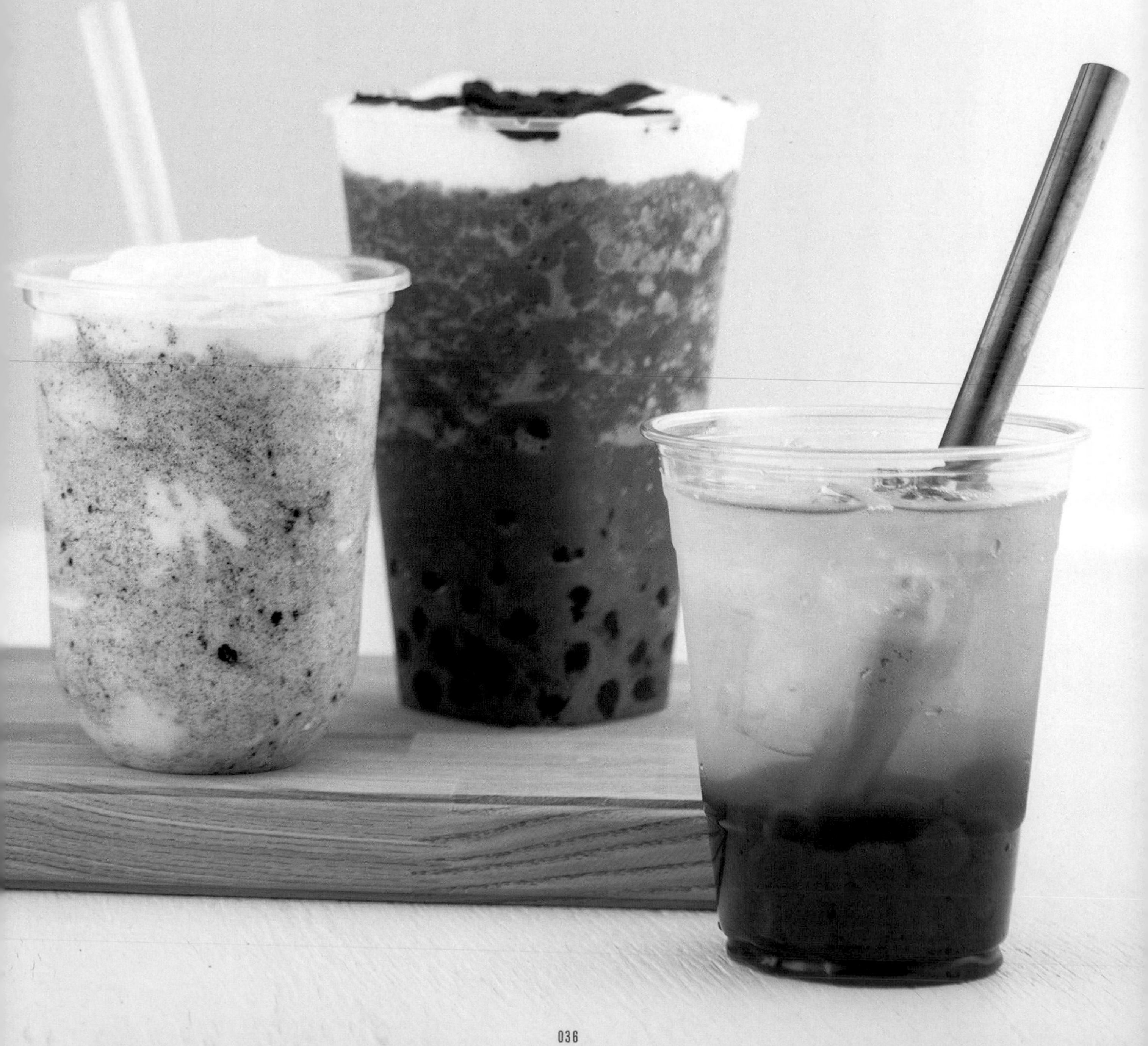

本章介紹如何組合製作好的基底飲料、糖漿、配料等而完成的飲料食譜。除了經典的珍珠飲品、水果茶飲之外，還有果昔、檸檬水等可讓手搖飲料店菜單更豐富的食譜。

每一道食譜都是以每一種基底飲料搭配客製化案例研發出來的。作者參考了日本以及海外風行的潮流，將最好的搭配方案呈現出來。

不過，依客製化的要求，以及杯子容量的不同等，作法及分量有時必須調整。請參考本書第8～9頁，根據店鋪所選用的杯子容量及客製化方式，等比例增減各種材料的分量。

烏龍茶基底

客製化

冰塊 ☑ 正常
甜度 ☑ 喜歡的分量
配料 ☑ 珍珠

珍珠烏龍茶

材料

珍珠 80g
冰塊 適量
烏龍茶基底（金萱烏龍茶） 200g
黍砂糖漿 喜歡的分量

作法

① 將材料全部放入杯中。

黑糖珍珠奶茶

奶茶基底

客製化

冰塊 ☑ 正常
甜度 ☑ 喜歡的分量
配料 ☑ 黑糖珍珠

材料

黑糖珍珠　80g
冰塊　適量
奶茶基底（烏瓦紅茶）　200g
黑糖漿　喜歡的分量

作法

① 將黑糖珍珠放入杯中，並讓糖漿附著在杯子內壁上。

※也可以將黑糖珍珠溶解出來的黏液放入擠醬瓶中，然後擠在杯子內壁做出漸層效果（使用黑糖珍珠的飲料都可以這樣做）。

② 將剩餘材料放進杯中。

鮮奶基底

客製化

冰塊 ☑ 正常
甜度 ☑ 喜歡的分量
配料 ☑ 黑糖珍珠

黑糖珍珠鮮奶

材料

黑糖珍珠 80g
冰塊 適量
牛奶 200g
黑糖漿 喜歡的分量

作法

① 將黑糖珍珠放入杯中，並讓糖漿附著在杯子內壁上。
② 將剩餘材料放進杯中。

紅茶基底

客製化

冰塊 ☑ 正常
甜度 ☑ 喜歡的分量
配料 ☑ 珍珠

珍珠紅茶

材料

珍珠 80g
紅茶基底（英德紅茶） 200g
黍砂糖漿 喜歡的分量

作法

① 將材料全部放入容器中。

to go

奶茶基底

客製化

冰塊 ☑ 正常
甜度 ☑ 喜歡的分量
配料 ☑ 珍珠

珍珠奶茶

材料

珍珠 80g
冰塊 適量
奶茶基底（烏瓦紅茶） 200g
黍砂糖漿 喜歡的分量

作法

① 將材料全部放入杯中。

客製化

冰塊☑ 去冰
甜度☑ 喜歡的分量
配料☑ 無

烏龍茶基底

蜜桃烏龍茶

材料

蜜桃醬汁 50g
烏龍茶基底
（白桃烏龍茶） 200g
蜜桃切丁（用蜜桃的1/10量的蜂蜜檸檬糖漿拌好） 50g
黍砂糖漿 喜歡的分量

作法

① 將材料全部放入容器中。

紅茶基底

奇異果紅茶

客製化

冰塊 ☑ 正常
甜度 ☑ 喜歡的分量
配料 ☑ 無

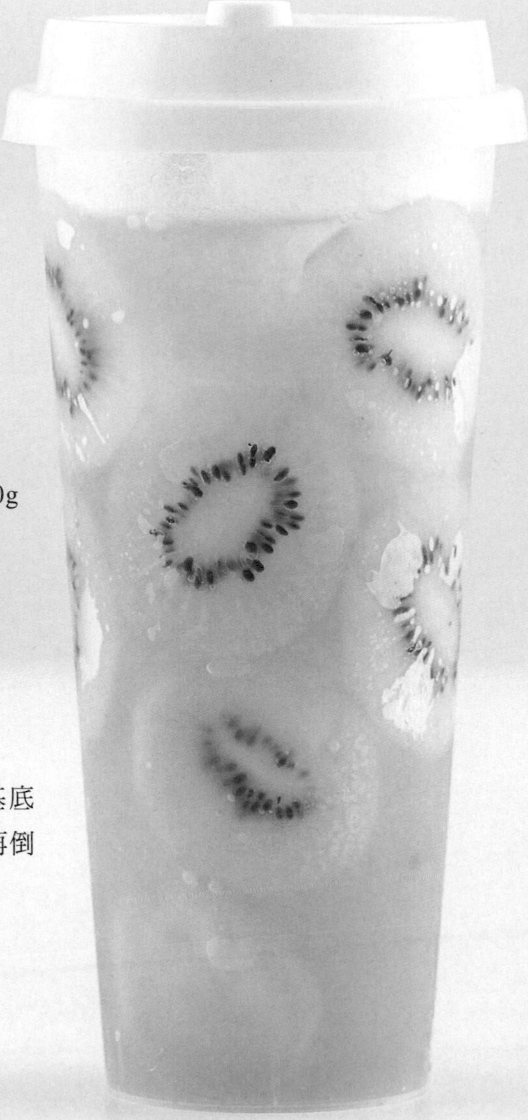

材料

奇異果（切片） 1/2個
奇異果醬汁 50g
紅茶基底（英德紅茶） 200g
冰塊 適量
黍砂糖漿 喜歡的分量

作法

① 將奇異果裝飾於杯中。
② 將奇異果醬汁和紅茶基底放入另一個容器中攪拌，再倒入已裝入冰塊的①中。

烏龍茶基底

檸檬烏龍茶

客製化

冰塊 ☑ 正常
甜度 ☑ 喜歡的分量
配料 ☑ 無

材料

檸檬（切片） 3片
檸檬醬汁 40g
烏龍茶基底
（金萱烏龍茶） 200g
蜂蜜檸檬糖漿 10g
冰塊 適量
黍砂糖漿 喜歡的分量

作法

① 將3片檸檬片裝飾於杯中。
② 將烏龍茶基底和檸檬醬汁、蜂蜜檸檬糖漿放入另一個容器中攪拌，再倒入已裝入冰塊的①中。

客製化

冰塊 ☑ 正常
甜度 ☑ 喜歡的分量
配料 ☑ 無

草莓烏龍茶

材料

冰塊 適量
草莓小（切片） 4顆
草莓醬汁 50g
烏龍茶基底
（蜜香紅烏龍茶） 200g
黍砂糖漿 喜歡的分量

作法

① 將冰塊和草莓切片交互放入杯中。
② 將烏龍茶基底和草莓醬汁放入另一個容器中攪拌，再倒入①中。

綜合莓果烏龍茶

烏龍茶基底

客製化

冰塊 ☑ 少冰
甜度 ☑ 喜歡的分量
配料 ☑ 綜合蜜漬莓果

材料

綜合蜜漬莓果 50g
烏龍茶基底
（蜜香紅烏龍茶） 150g
冰塊 適量
黍砂糖漿 喜歡的分量

作法

① 將材料全部放入容器中。

客製化

冰塊 ☑ 正常
甜度 ☑ 喜歡的分量
配料 ☑ 無

奶茶基底

馬薩拉奶茶

材料

奶茶基底
（烏瓦紅茶） 250g
馬薩拉糖漿 50g
冰塊 適量
蜂蜜 喜歡的分量

作法

① 將奶茶基底、馬薩拉糖漿、冰塊一起放入杯中。

奶茶基底

客製化

冰塊 ☑ 正常
甜度 ☑ 喜歡的分量
配料 ☑ 黑糖珍珠
☑ 起司奶蓋

黑糖珍珠奶茶＋起司奶蓋

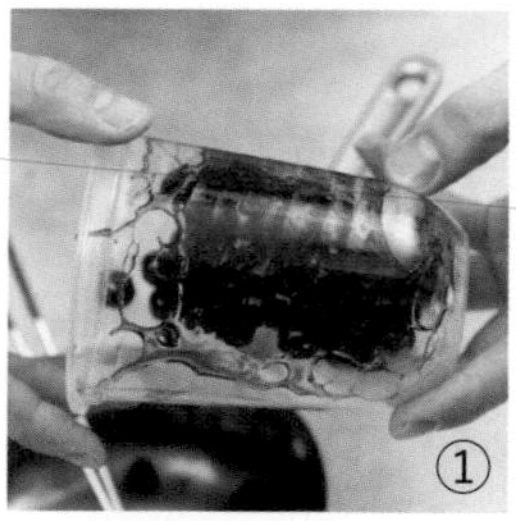

材料

黑糖珍珠 80g
冰塊 適量
奶茶基底
（烏瓦紅茶） 200g
起司奶蓋 50g
粗紅糖 5g
黑糖漿 喜歡的分量

作法

① 將黑糖珍珠放入杯中，並讓糖漿附著在杯子內壁上。
② 依序將冰塊、奶茶基底、起司奶蓋放入①中。
③ 放上粗紅糖，用噴槍將糖烤成焦糖。

奶茶基底

客製化

冰塊 ☑ 正常
甜度 ☑ 喜歡的分量
配料 ☑ 黑糖珍珠
☑ 起司奶蓋
☑ 布丁

布丁珍珠奶茶

材料

黑糖珍珠 50g
冰塊 適量
奶茶基底（烏瓦紅茶） 180g
起司奶蓋（偏硬） 50g
布丁 80g
黑糖粉 5g
黑糖漿 喜歡的分量

作法

① 將黑糖珍珠放入杯中，並讓糖漿附著在杯子內壁上。
② 用打蛋器將起司奶蓋打發到偏硬狀態。
③ 依序將冰塊、奶茶基底、起司奶蓋、布丁放入杯中。
④ 撒上黑糖粉。

茉莉珍珠花茶

茉莉花茶基底

客製化

冰塊 ☑ 正常
甜度 ☑ 喜歡的分量
配料 ☑ 珍珠

材料

珍珠 80g
冰塊 適量
茉莉花茶基底 200g
黍砂糖漿 喜歡的分量

作法

① 將材料全部放入杯中。

茉莉珍珠奶茶（白色奶茶）

奶茶基底

客製化

冰塊 ☑ 少冰
甜度 ☑ 喜歡的分量
配料 ☑ 珍珠

材料

珍珠 80g
冰塊 適量
奶茶基底
（茉莉花茶） 150g
黍砂糖漿 喜歡的分量

作法

① 將材料全部放入杯中。

茉莉花茶基底

茉莉檸檬水

客製化

冰塊 ☑ 少冰
甜度 ☑ 喜歡的分量
配料 ☑ 珍珠

材料

檸檬（切片） 3片
檸檬醬汁 50g
茉莉花茶基底 200g
冰塊 適量
黍砂糖漿 喜歡的分量

作法

① 將3片檸檬片裝飾於杯中，再放入冰塊。
② 將茉莉花茶基底和檸檬醬汁放入另一個容器中攪拌，再倒入①中。

茉莉花茶基底

客製化

冰塊 ☑ 少冰
甜度 ☑ 喜歡的分量
配料 ☑ 無

材料

冰塊　適量
草莓醬汁　50g
茉莉花茶基底　200g
草莓小（切片）　4顆
黍砂糖漿　喜歡的分量

作法

① 依序將冰塊、草莓醬汁、茉莉花茶基底放入杯中。
② 將草莓切片放在①上面。

草莓茉莉花茶

茉莉花茶基底

客製化

冰塊 ☑ 少冰
甜度 ☑ 喜歡的分量
配料 ☑ 無

材料

冰塊　適量
奇異果醬汁　50g
茉莉花茶基底　200g
奇異果　1/2顆
黍砂糖漿　喜歡的分量

作法

① 依序將冰塊、奇異果醬汁、茉莉花茶基底放入杯中。
② 將奇異果切成小丁後放在①上面。

奇異果茉莉花茶

茉莉花茶基底

客製化

冰塊 ☑ 少冰
甜度 ☑ 喜歡的分量
配料 ☑ 無

粉紅葡萄柚茉莉汽水

材料

粉紅葡萄柚（切片） 2片
冰塊 適量
茉莉花茶基底 100g
汽水 100g
粉紅葡萄柚醬汁 50g
黍砂糖漿 喜歡的分量

作法

① 將2片粉紅葡萄柚切片貼在杯子內壁上，再放入冰塊。
② 將粉紅葡萄柚醬汁、茉莉花茶基底、汽水放入另一個容器中攪拌，再倒入①中。

茉莉花茶基底

客製化

冰塊☑ 正常
甜度☑ 喜歡的分量
配料☑ 無

萊姆茉莉汽水

材料

萊姆（切片） 4片
冰塊 適量
茉莉花茶基底 100g
汽水 100g
萊姆醬汁 50g
黍砂糖漿 喜歡的分量

作法

① 將萊姆切片切成6等分。
② 將①和冰塊交互放入杯中。
③ 將萊姆醬汁、茉莉花茶基底、汽水放入另一個容器中攪拌，再倒入②中。

茉莉花茶基底

客製化

冰塊 ☑ 正常
甜度 ☑ 喜歡的分量
配料 ☑ 無

百香果茉莉汽水

材料

茉莉花茶基底 100g
汽水 100g
百香果醬汁 50g
萊姆榨汁 5g
冰塊 適量
百香果 1/2個
黍砂糖漿 喜歡的分量

作法

① 將百香果醬汁、茉莉花茶基底、汽水、萊姆榨汁放入另一個容器中攪拌，再倒入已裝入冰塊的杯中。
② 用湯匙挖出百香果肉，放在①上面。

芒果茉莉果昔

材料

芒果（冷凍） 160g
茉莉花茶基底 220g
芒果醬汁 50g
蜂蜜檸檬糖漿 10g
起司奶蓋 50g

作法

① 將芒果、芒果醬汁、茉莉花茶基底、蜂蜜檸檬糖漿放入調理機中打匀。
② 將①倒入杯中，再放上起司奶蓋。

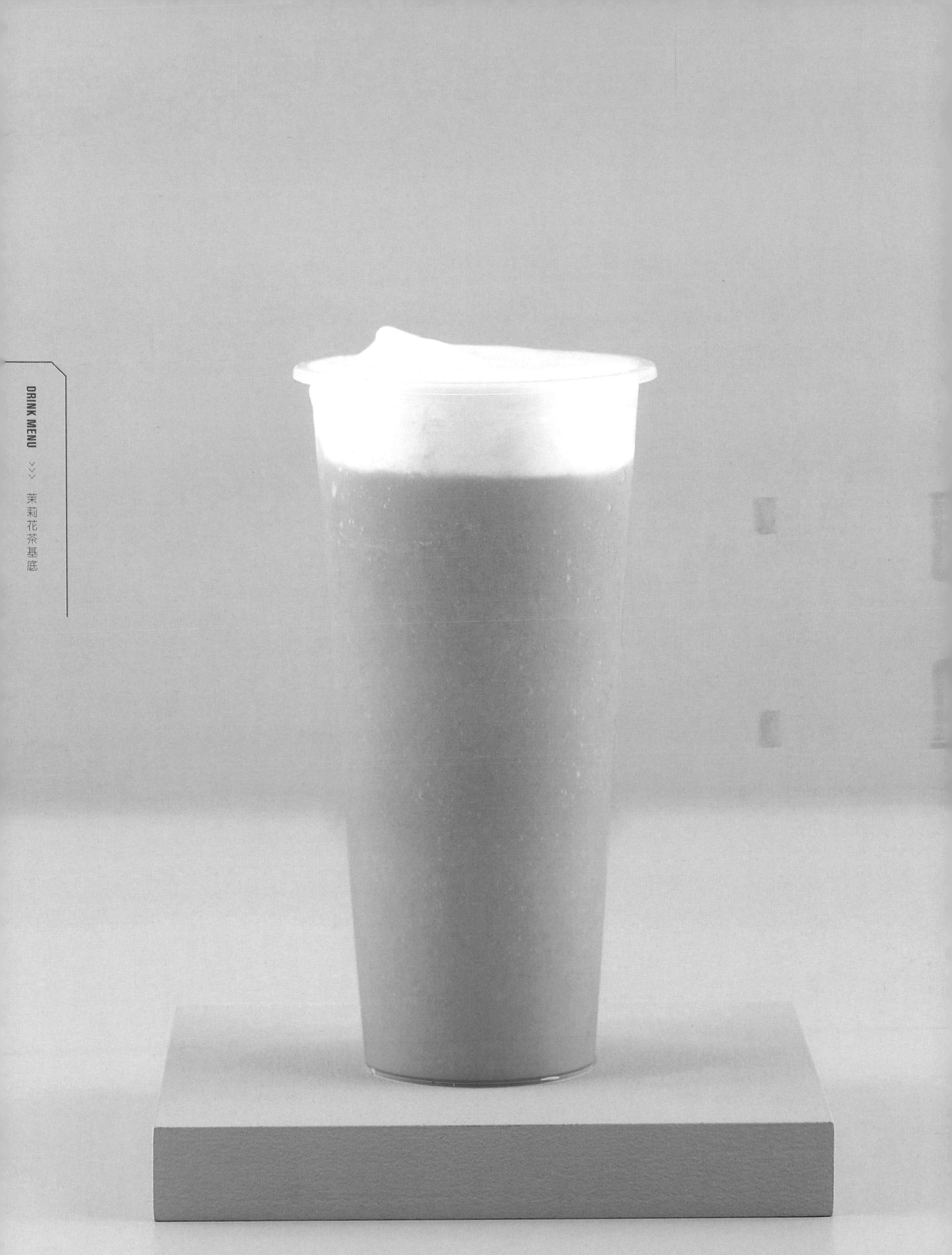

茉莉花茶基底

西瓜茉莉果昔

材料

西瓜（冷凍） 160g
茉莉花茶基底 220g
西瓜醬汁 50g
蜂蜜檸檬糖漿 10g

作法

① 將西瓜、西瓜醬汁、茉莉花茶基底、蜂蜜檸檬糖漿放入調理機中打勻，再倒入杯中。

哈密瓜茉莉果昔

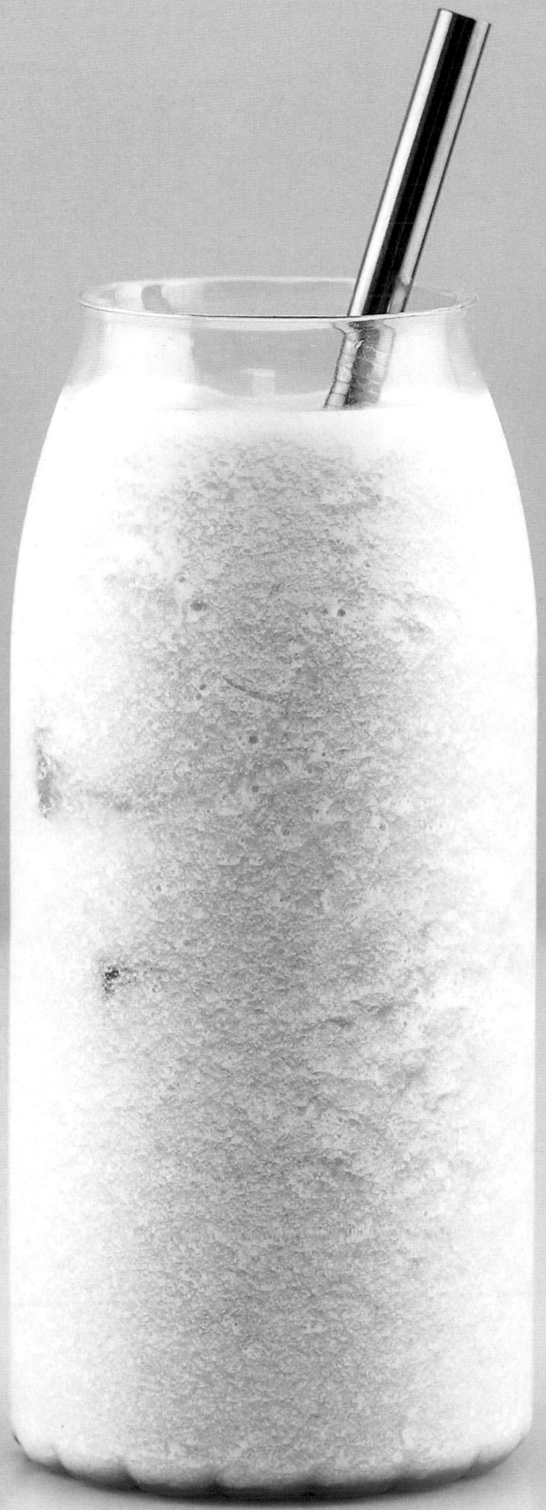

材料

哈密瓜（冷凍） 160g
茉莉花茶基底 220g
哈密瓜醬汁 50g
蜂蜜檸檬糖漿 10g

作法

① 將哈密瓜、哈密瓜醬汁、茉莉花茶基底、蜂蜜檸檬糖漿放入調理機中打勻，再倒入杯中。

火龍果茉莉果昔

材料

A白色底層
火龍果（白） 100g
茉莉花茶基底 50g
蜂蜜檸檬糖漿 30g
冰塊 50g

B紅色中層
火龍果（紅） 100g
茉莉花茶基底 100g
蜂蜜檸檬糖漿 30g
冰塊 50g

上層配料
起司奶蓋（偏硬） 50g
挖成球狀的火龍果（白、紅） 各3顆

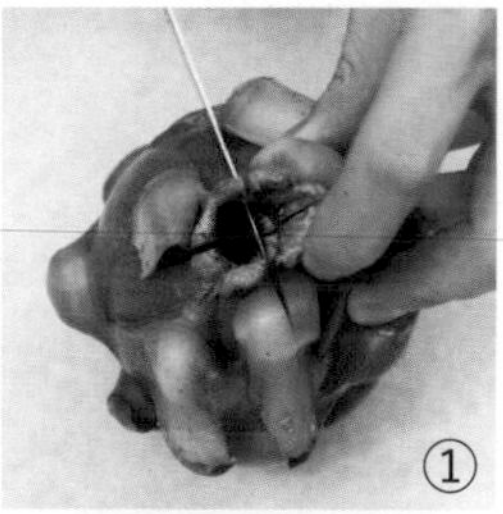

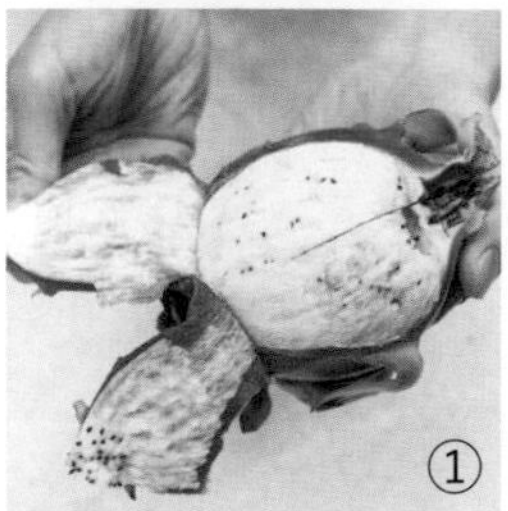

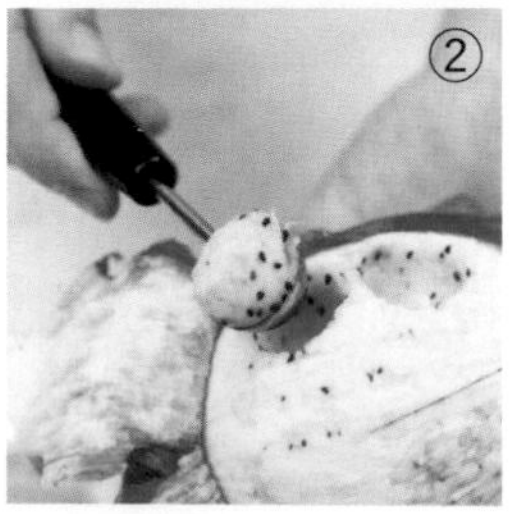

作法

① 在火龍果的頭部劃入十字，把皮剝開。
② 挖出各3顆球狀的白色及紅色火龍果當配料用，先冷凍起來。剩餘部分分別去皮後，也是冷凍起來。
③ 用打蛋器將起司奶蓋打至偏硬狀態。
④ 將冷凍好的白色火龍果和A的剩餘材料全部放入調理機中打勻，再倒入杯中。
⑤ 不必沖洗④用過的調理機，直接將紅色中層B的材將全部放入，打勻後倒在白色底層上面。
⑥ 放上起司奶蓋、配料用的火龍果球當裝飾。

抹茶基底

客製化

冰塊☑ 正常
甜度☑ 喜歡的分量
配料☑ 香草冰淇淋

抹茶珍珠奶茶＋香草冰淇淋

材料

水 20g
抹茶基底 30g
冰塊 適量
牛奶 200g
珍珠 80g
香草冰淇淋 1勺
抹茶 適量
黍砂糖漿 喜歡的分量

作法

① 將水和抹茶基底、冰塊放入雪克杯中。
② 搖動①。
③ 將珍珠、牛奶、冰塊放入杯中，再輕輕倒入②。
④ 放上香草冰淇淋，撒上抹茶。

綠茶基底

材料

椰果 80g
冰塊 適量
檸檬醬汁 20g
綠茶基底 200g
檸檬（切片） 3片
黍砂糖漿 喜歡的分量

作法

① 將檸檬切片切成6等分。
② 將椰果、檸檬醬汁、①放入杯中，再倒人綠茶基底。

客製化

冰塊 ☑ 正常
甜度 ☑ 喜歡的分量
配料 ☑ 椰果

檸檬綠茶

萊姆綠茶

綠茶基底

客製化

冰塊☑ 正常
甜度☑ 喜歡的分量
配料☑ 蘆薈

材料

蘆薈 80g
冰塊 適量
萊姆醬汁 20g
綠茶基底 200g
萊姆（切片） 1/2個
黍砂糖漿 喜歡的分量

作法

① 將萊姆切片對半切開。
② 將蘆薈、冰塊、①交互放入杯中。
③ 將綠茶基底和萊姆醬汁混拌好，倒入②中。

奇異果綠茶

客製化

冰塊 ☑ 無
甜度 ☑ 喜歡的分量
配料 ☑ 椰果

材料

椰果 80g
奇異果醬汁 30g
綠茶基底 200g
奇異果 1/2個
黍砂糖漿 喜歡的分量

作法

① 將奇異果切成小丁。
② 將①和剩餘的材料一起放入容器中。

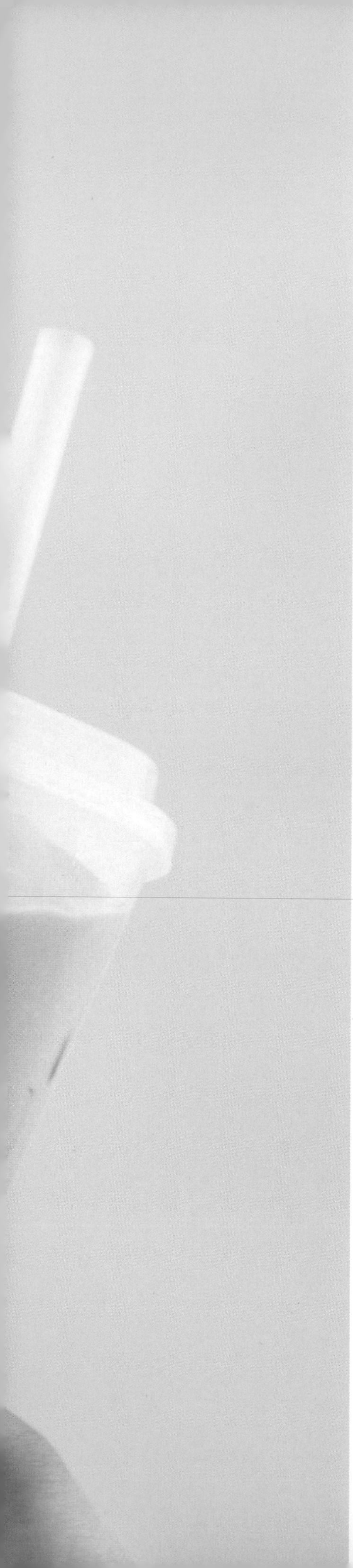

奶茶基底

客製化

冰塊 ☑ 正常
甜度 ☑ 喜歡的分量
配料 ☑ 珍珠

珍珠焙煎奶茶

材料

珍珠 80g
冰塊 適量
奶茶基底（焙茶） 250g
黍砂糖漿 喜歡的分量

作法

① 將珍珠、冰塊、奶茶基底一起放入杯中。

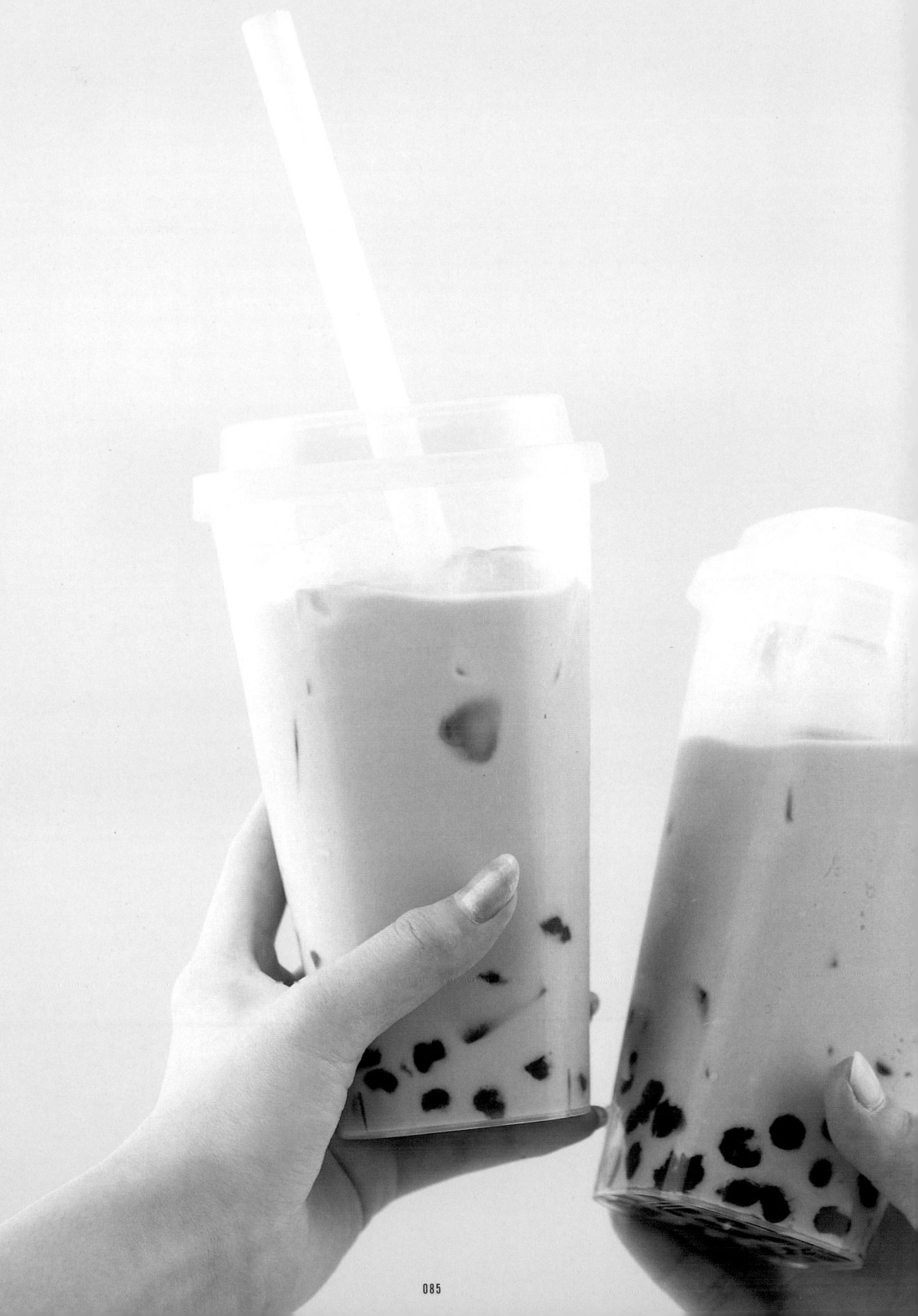

馬薩拉焙茶

奶茶基底

客製化

冰塊 ☑ 正常
甜度 ☑ 喜歡的分量
配料 ☑ 無

材料

奶茶基底（焙茶） 250g
馬薩拉糖漿 50g
冰塊 適量
黍砂糖漿 喜歡的分量

作法

① 將奶茶基底、馬薩拉糖漿、冰塊放入杯中。

Chai

香草焙茶果昔

材料

香草冰淇淋 150g
奶茶基底（焙茶） 300g
起司奶蓋 50g

作法

① 將香草冰淇淋和奶茶基底放入調理機中打勻。
② 將①倒入杯中，再放上起司奶蓋。

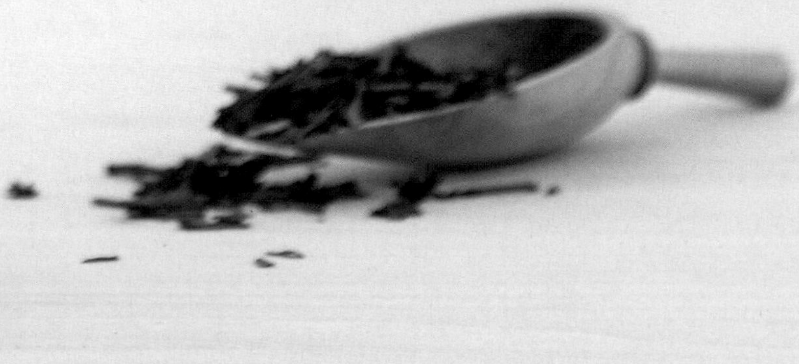

優酪乳基底

客製化

冰塊 ☑ 正常

配料 ☑ 蜂蜜珍珠

蜂蜜珍珠優酪乳

材料

珍珠 80g

蜂蜜 20g

水 少許

冰塊 適量

優酪乳 200g

作法

① 製作蜂蜜珍珠。用蜂蜜和水來煮珍珠，煮到出現黏液。

② 將蜂蜜珍珠放入杯中，再倒入冰塊、優酪乳。

客製化

冰塊 ☑ 無

配料 ☑ 綜合蜜漬莓果

優酪乳基底

綜合莓果優酪乳

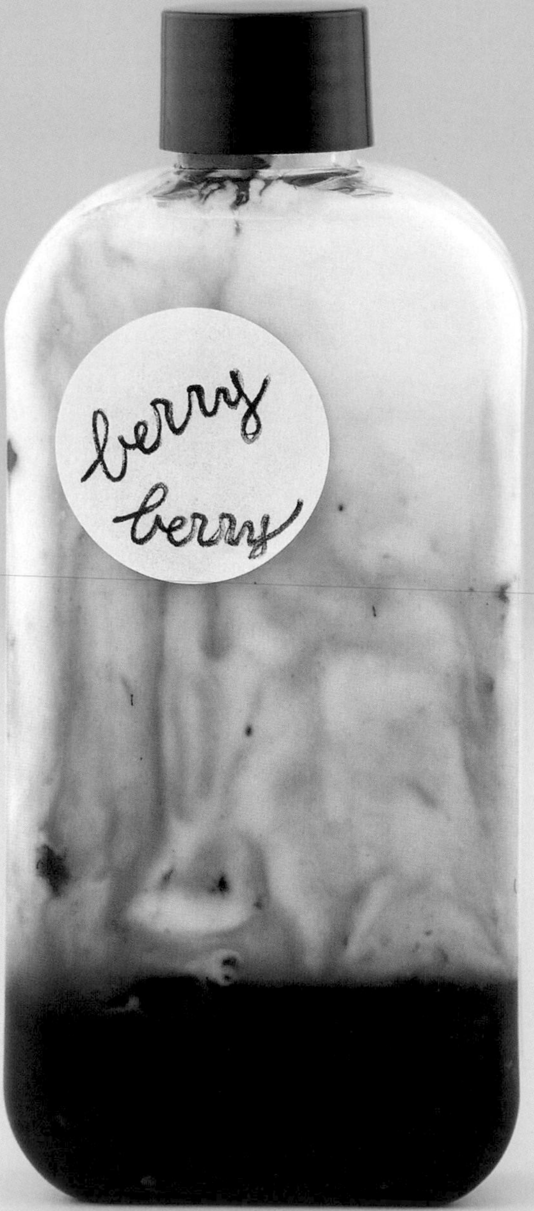

材料

綜合蜜漬莓果 50g

優酪乳 200g

作法

① 將綜合蜜漬莓果放入容器中，再倒入優酪乳。

DRINK MENU >>> 優酪乳基底

奇異果優酪乳

客製化

冰塊 ☑ 正常

配料 ☑ 奇異果

材料

奇異果 1/2個

奇異果醬汁 50g

冰塊 適量

優酪乳 200g

作法

① 將奇異果切成小丁，和奇異果醬汁一起拌好。

② 將①和冰塊一起放入杯中，再倒入優酪乳。

客製化

冰塊 ☑ 正常

配料 ☑ 芒果

優酪乳基底

芒果優酪乳

材料

芒果 50g

芒果醬汁 50g

優酪乳 200g

作法

① 將芒果切成小丁，和芒果醬汁一起拌好。

② 將①放入容器中，再倒入優酪乳。

蜜桃優酪乳

客製化

冰塊 ☑ 正常
配料 ☑ 蜜桃

材料

冰塊 適量
優酪乳 200g
蜜桃 1/2個
蜜桃醬汁 50g

作法

① 將蜜桃切成滾刀塊。
② 將冰塊放入杯中，再倒入優酪乳。
③ 放上①，最後淋上蜜桃醬汁。

杏仁奶基底

客製化

冰塊☑ 正常
甜度☑ 喜歡的分量
配料☑ 黑糖珍珠

黑糖珍珠杏仁奶

材料

黑糖珍珠 50g
冰塊 適量
杏仁奶 200g
黑糖漿 喜歡的分量

作法

① 將黑糖珍珠放入杯中，放入時邊傾斜邊轉動，讓糖漿附著於杯子內壁。
② 將剩餘材料放入①中。

杏仁奶基底

客製化

冰塊 ☑ 正常
甜度 ☑ 喜歡的分量
配料 ☑ 無

草莓杏仁奶

材料

草莓醬汁 50g
冰塊 適量
杏仁奶 200g
黍砂糖漿 喜歡的分量

作法

① 將草莓醬汁和冰塊放入杯中，再倒入杏仁奶。

杏仁奶基底

客製化

冰塊 ☑ 正常
甜度 ☑ 喜歡的分量
配料 ☑ 無

巧克力杏仁奶

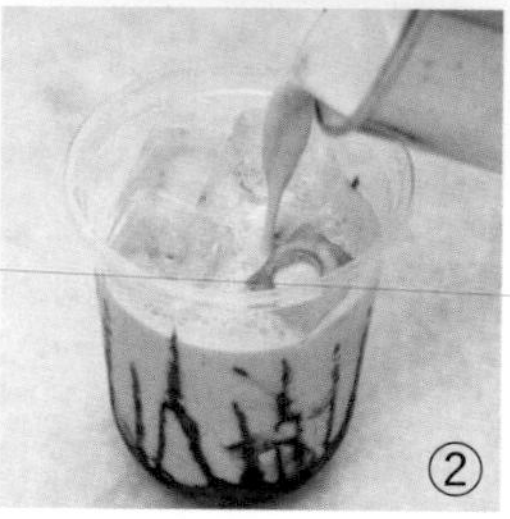

材料

巧克力醬汁 50g
冰塊 適量
杏仁奶 200g
黍砂糖漿 喜歡的分量

作法

① 用巧克力醬汁在杯子內壁畫出圖案。
② 將冰塊放入①中，再倒入杏仁奶。

Other

香蕉奧利奧果昔

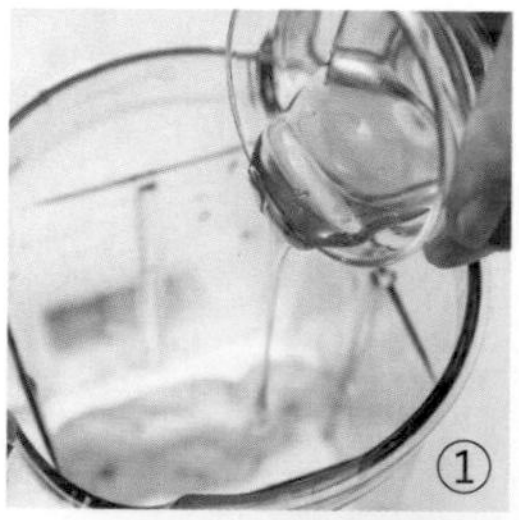

材料

香蕉（冷凍） 1根
牛奶 200g
蜂蜜 30g
巧克力醬汁 50g
打發鮮奶油 50g
奧利奧餅乾 適量

作法

① 將冷凍香蕉、牛奶、蜂蜜放入調理機中打勻。
② 將巧克力醬汁和①放入杯中。
③ 將打發鮮奶油放在②上面，再撒上搗碎的奧利奧餅乾。

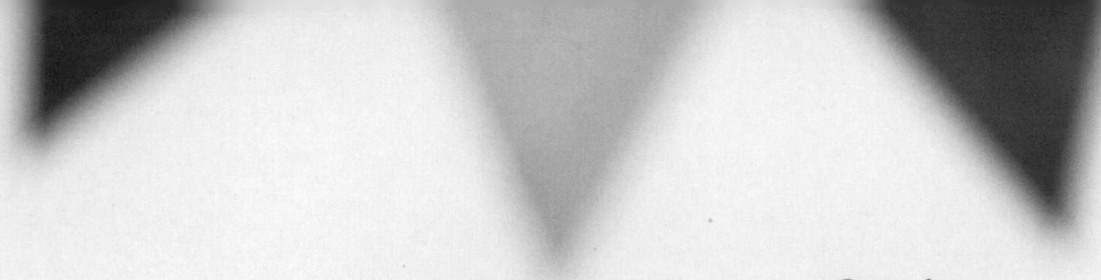

香草拿鐵果昔

材料

香草冰淇淋 150g
濃縮咖啡 2小杯
蜂蜜 20g
牛奶 200g

作法

① 將香草冰淇淋、冷凍的濃縮咖啡、蜂蜜、牛奶放入調理機中打勻。
② 將①倒入杯中。

Cafe latte

香草奧利奧果昔

材料

打發鮮奶油 30g
奧利奧餅乾 10g
香草冰淇淋 100g
牛奶 200g
冰塊 60g
打發鮮奶油 30g

作法

① 將打發鮮奶油和搗碎的奧利奧餅乾拌好，塗在杯子的內壁。
② 將香草冰淇淋、牛奶、冰塊放入調理機中打勻，再倒入①中。
③ 最後放上打發鮮奶油。

紫芋珍珠果昔

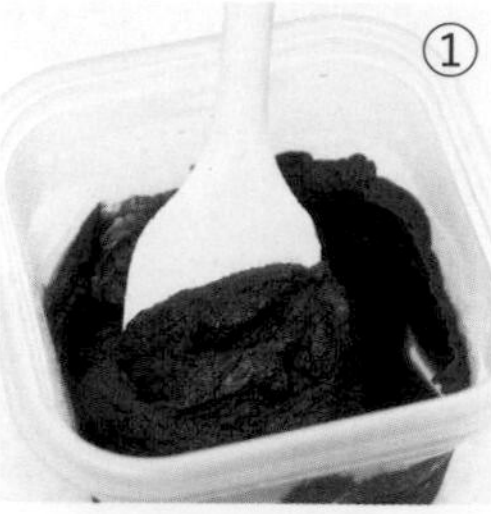

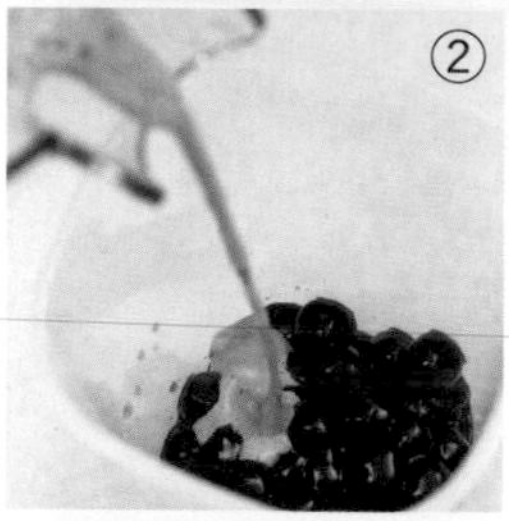

材料

紫芋糊（冷凍） 70g
牛奶 200g
冰塊 80g
黑糖 20g
珍珠 50g
起司奶蓋 50g
紫芋奶油糊（※） 50g

作法

① 將紫芋糊、牛奶、冰塊、黑糖放入調理機中打勻。
② 將珍珠放入杯中，再倒入①。
③ 放上打成偏硬狀態的起司奶蓋。
④ 將紫芋奶油糊擠在③上面。

※ 紫芋奶油糊

材料 （完成後約 400g）

紫芋糊（冷凍） 250g
細砂糖 100g
鮮奶油 85g
萊姆酒 5g

作法

① 將材料全部放入小鍋中加熱，煮到呈黏調狀後，放涼。

芒果茶

材料

墨西哥Chamoy醬汁 20g
辣椒萊姆調味料 1g
芒果（冷凍） 100g
芒果糖漿 100g
水 100g
冰塊 180g

※最後完成時用
芒果（冷凍） 50g
墨西哥Chamoy醬汁 10g
辣椒萊姆調味料 0.5g

作法

① 將墨西哥Chamoy醬汁放入杯中，畫出圖案，再放入辣椒萊姆調味料。
② 將芒果、芒果糖漿、水、冰塊放入調理機中打勻。
③ 將②倒入①中，再放上完成時用的芒果。
④ 將墨西哥Chamoy醬汁和辣椒萊姆調味料撒在③上面。

杏仁椰子水

材料

椰子 1個
杏仁豆腐 50g
檸檬醬汁 20g

作法

① 用劈刀將椰子的上部劈開。
② 將①的椰子水倒出來，放入杏仁豆腐、檸檬醬汁，再倒入椰子水。

Mango

CHAPTER 7

開一家手搖飲料店

■手搖飲料店的優點

開手搖飲料店的好處非常多，例如，比起其他餐飲店，手搖飲料店在狹窄的空間也能開業，成本低廉；只要準備好茶飲和珍珠等，誰都能為顧客服務；因為深受網路世代歡迎，不打廣告也能迅速在網路傳開來等。

■開店成本低

以珍珠飲品為賣點的手搖飲料店，主要是提供外帶，沒必要準備內用座位區，因此空間不必太大，但是，正因為如此，最好是開在人潮多的鬧區、辦公大樓區、商業設施、大學等地點佳的地方。

由於店面空間不必太大，房租及押金、仲介費等都可壓下來。而且，由於是提供外帶，清洗工作節省不少，不提供內用也可減少人事成本。

此外，因為機器設備不多，開業成本低。而每個月的固定開銷少，就容易有利潤了。

■最低限度的設備及其使用目的

手搖飲料店的設備雖然不多，但有些機器還是必要的。台灣和大陸都有賣各種專用的機器及用具，這裡介紹的是在日本可以準備的最低限度必要用具。

保存牛奶等乳製品及新鮮水果用的冷藏庫；如果使用冷凍水果及冷凍珍珠，就必須有冷凍庫；提供飲料時及調製飲料時都會用到冰塊，因此需要製冰機；還需要保溫茶、保冷茶用的茶桶等。

有些店家還會準備打果昔用的調理機與慢磨機等，依季節提供新鮮水果茶飲。

1 冷藏庫

珍珠奶茶店會大量使用到牛奶。要保存牛奶、調製好的奶茶、配料等，都需要冷藏庫。

2 工作檯冰箱

下面是冰箱，上面是工作檯，方便直接在上面使用冷藏、冷凍食材。

開手搖飲料店需要的機器設備

慢磨機
（圖為Hurom 慢磨機HZ）

調理機
（圖為Vitamix Ascent A3500i／Entres股份有限公司）

封杯機

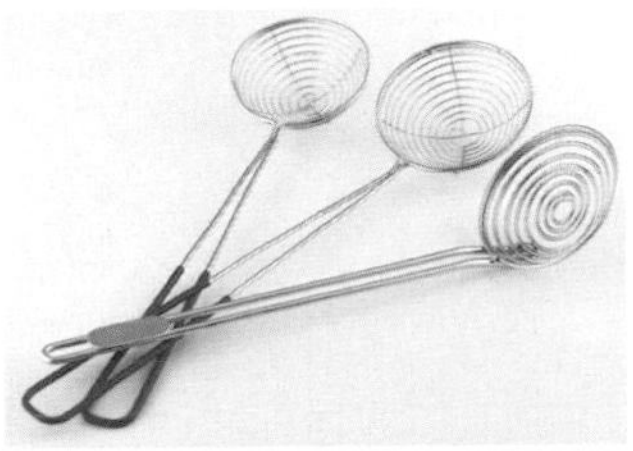

珠珍珍珠杓

果糖定量機

3 冷凍庫或上掀式冰櫃

保存製作果昔、水果茶飲等要用到的冷凍水果，或是保存冷凍珍珠。

4 電磁爐或瓦斯爐

用於煮茶或煮珍珠時。煮茶時，熱水的溫度很重要。煮珍珠時或是煮好後燜一段時間時，能夠保持同樣溫度的電磁爐很好用。

5 製冰機

現場提供飲料時、事前的調製作業時，都會用得到。

6 保溫桶

保存萃取出來的茶湯。

■其他方便的機器及用具

・封杯機

一種在塑膠杯上封住一片封杯膜當杯蓋的機器。杯口密封住，外帶時就不必擔心飲料溢出來，非常方便。不過，我在「珍珠的包裝材料」章節中也提到，封杯膜上必須有所設計，因此下單量會比較大，初期投資成本便會增加，而且，也必須找地方存放封杯膜。如果能克服這些問題，以結果來說，成本會比杯蓋低。

・果糖定量機

機器上有幾個設定果糖分量的按鈕，能夠依客人指定迅速注入杯中。

・調理機

菜單上有果昔的話，就要用到調理機。

・蒸汽加熱機

加熱飲料用。

・炊煮珍珠的機器

像煮飯一樣，可以煮珍珠並保溫。

・珠珍珍珠杓

用來舀起浸在糖漿中的珍珠，湯杓部分呈網狀，可以濾掉多餘的糖漿，在舀珍珠當最上面的配料時非常方便。市面上多以「Disher」這個商品名稱販售。

工作人員的動線　　顧客的動線

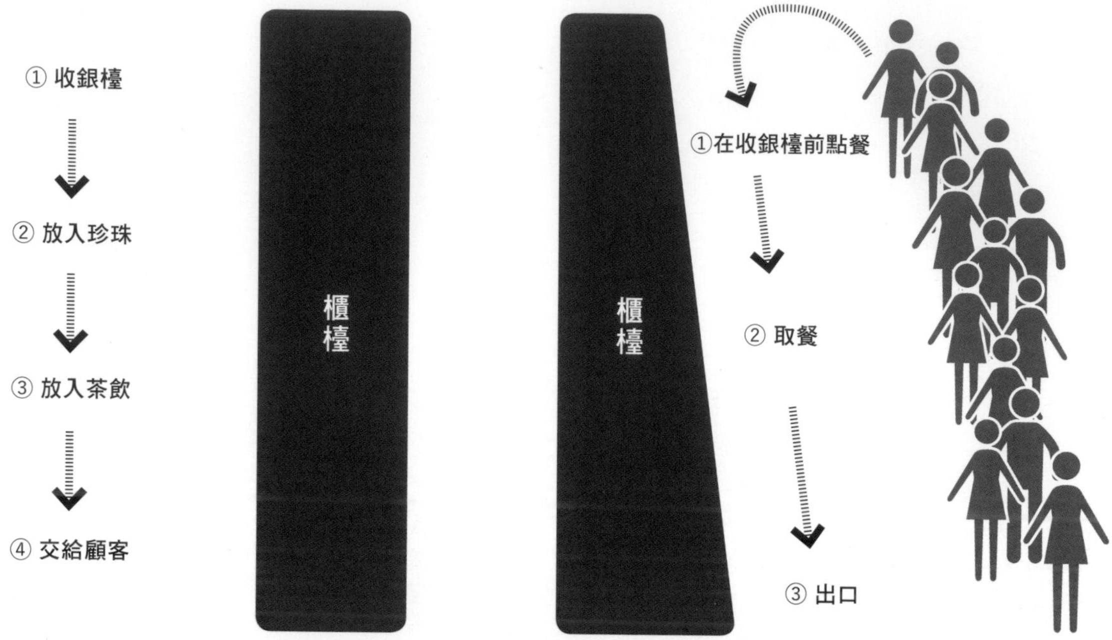

■採購機器時的注意事項

一天想賣幾杯飲料？這點相當重要。若不能想清楚而決定冷藏庫、製冰機的尺寸，就會錯失商機，那麼即便地點好也沒意義。

而且，日後美食外送商機將更為蓬勃，如果能想到這一層，就有可能提升銷售量。在大陸，消費者早已開始用手機點餐，叫外送服務了。

■關於動線

顧客的動線是：1在收銀檯前點餐↓2取餐↓3出口

要讓這條動線順暢，比較理想的做法是左轉。人都喜歡左轉，閉上眼睛走路也會自然地靠向左邊。田徑、棒球、競速滑冰全都是左轉。心臟也是位於身體的中央偏左，據說這是為了保護心臟，不讓心臟因為離心力而增加負擔。換句話說，左轉的話，即便不動腦筋，也能自然而然地移動。

因此，可以將這點應用在動線上。顧客能夠自然移動，就是一條順暢的動線了，而且能加速隊伍前進，提高業績。

另一方面，工作人員的動線是：1收銀檯↓2放入珍珠↓3放入茶飲↓4交給顧客

像這樣依作業程序來安排動線，便能運作順暢。減少不必要的動作就能縮短時間，不讓客人久等，自然能加速隊伍前進，提高業績。

■關於備料

以珍珠飲品來說，事先備料，客人點餐時只要倒入茶飲即可，因此人人皆可輕易上手。反過來說，準確預估備料分量，減少浪費，就是一大重點了。

■可成為「打卡美照」的商品與包裝

茶飲與各種食材都很搭，容易發揮創意。尤其珍珠飲品與各式各樣的食材搭配後，外觀就像甜點般華麗，是擄獲珍奶迷的一大魅力。

讓珍奶拍出「打卡美照」！

咖啡系飲料都是咖啡色，比較單調，但珍珠飲品可使用茶或水果，呈現五顏六色，不但大受女生喜愛，也成為網路上的打卡美照。由於外觀太可愛了，不知不覺便拍照上傳，看到的人再競相模仿，於是蔚為風潮。

而且，如果特別設置一個地點，供人拿著飲料以店面牆壁或標誌為背景拍照，那麼幾乎所有客人都會到此打卡拍照，然後上傳到社群網站。例如，將杯子放在畫有羽毛的牆上，就能拍出飲料長翅膀的樣子；將杯子放在畫有飲料流下來圖案的牆上，就能拍出飲料倒入杯中的樣子……

飲料好喝這點自不在話下，但前提是要讓人知道飲料好喝，否則客人怎會上門呢？

社群網站是目前最大也最迅速的廣告宣傳平台，只要能在上面燃起火苗，之後就會風風火火地傳開來。

■提高銷量的方法

要在短時間內提高銷量，必須有效運用社群網站，並開發出外觀格外誘人的飲料。此外，花錢進行廣告宣傳，也能在短期內熱銷。

這種方法對喜歡嘗鮮的消費者有效，但不容易培養老顧客，因此不是一種長期的戰略，這點須特別注意。要長期經營下去，抓住老顧客的心才是最重要的。

該怎麼做呢？對開店地點進行研究，打造出符合在地人喜好、生活習慣等的店家風格，並開發出最適當的產品。當然，待客服務也是一大重點。

與顧客交談，了解他們的需要，然後反映在菜單中，或是依季節來變化口味，例如調整茶湯的濃淡或甜度等，調製出身體自然想喝的味道，這樣的用心，肯定會拼出亮眼的成績。

08

CHAPTER 8

台灣

珍珠奶茶在發祥地台灣就不用說了，在大陸的上海、北京各地，也是刮起強大旋風，而人氣最夯的就屬黑糖珍珠奶茶。

車站附近及鬧區，手搖飲料店琳瑯滿目，高人氣店家更是門前大排長龍。現在更開始出現黑糖珍奶專賣店了。

進駐上海、北京的店家，多半是台灣跨海登陸的，但最近有些店鋪只在上海展店，開發出獨家珍珠飲品，備受注目。換言之，從台灣發跡的珍珠飲品已在大陸發光發熱，成為超火紅商品。

有多火紅呢？在人氣店要領到一杯珍奶，得花5～6小時。為避免客人久等，開在大型商場裡的店家，仿照大型速食店般，結完帳便發給一張有號碼的收據，然後依顯示板上的燈

台灣與大陸的珍珠飲品

大陸

號取餐。這麼一來，點完餐即可離開現場，直至取餐前的這段時間，便可以好好在商場內四處血拼了。

能隨喜好客製化是珍珠飲品的一大魅力，在大陸的店家已經摸索出一套能夠滿足客製化又能減少等待時間的操作模式了，且這種模式儼然成為大陸特有的行銷風格。

珍珠飲品起源自台灣，並且已在大陸各地、東京，乃至全日本遍地開花，未來極有可能在美國、澳洲等世界各地再掀起一陣旋風。

Special Thanks

食品贊助　中澤乳業株式會社

研發製造鮮奶油等中澤品牌的乳製品，提供商家使用。也在百貨公司、超市等地方販售以一般消費者為對象的產品。

TEL:03-6436-8800（銷售總部）

https://www.nakazawa.co.jp/

攝影贊助　東京製菓學校

教育理念為「甜點如其人」。1954年創校以來，不斷挑戰嶄新的教育，大量培養撐起下一世代的專業人才。有「洋菓子」、「和菓子」、「麵包」、「夜間部」等學科、學程。

TEL: 0120-80-7172（免費專線）

https://www.tokyoseika.ac.jp/

作者簡介

片倉康博　Yasuhiro Katakura

在擔任調酒師的時代，學習了 QSC（品質、服務、整潔）、面對面服務、調製雞尾酒的各種知識與技巧、TPO（時間、地點、場合）的重要性等，然後將這些經驗與咖啡業界連結，推廣獨家研發的濃縮咖啡萃取技術。身為提倡「符合飲食文化的飲品、符合情境的飲品」、「咖啡飲品與食物的適性」理念的第一人，擔任各飯店、餐廳、咖啡館、烘焙坊的咖啡師顧問，以及調理師、製菓專科學校的特別講師。也經常受到來自海外的邀請，赴上海、北京、天津各地擔任特別講師。此外，還從事開設餐飲店、開設店鋪或改造店鋪、員工培訓、飲料外送、顧問、代銷、商品開發等工作。可來信詢問本書介紹的食材、包裝材料、機器、用具等的採購問題。

Email:y.katakura@expresso-manager.com

Instagram:y.katakura

片倉老師任教的學校

REBAKERY STUDIO

Rebakery Studio

Tel: 86-18-621516213

Email：rekybao@rebakery.cn

上海市徐匯區瑞平路 230 號 B1 層 Rebakery Studio

Nanas patisserie

Tel：86-22-85190738

Email：wonhoo_lee@163.com

4F,Heping Joy City shopping mall, No.189 Nanjing Rd,

Heping Dist,Tianjin,China

田中美奈子　Minako Tanaka

料理師、咖啡廳經理。曾任 DEAN&DELUCA 咖啡廳經理，在開發出飲料菜單後，自己出來創業。擔任咖啡館老闆兼主廚及咖啡師後，開始從事咖啡館產品開發、顧問、食物造型搭配等工作。配合各種展覽主題而製作的展示會用餐點，都是採用當季鮮蔬為主，深獲好評。

http://www.life-kitasando.com/

Instagram:minakotanaka9966

TITLE

珍珠奶茶 水果茶 開店夢想技術教本

STAFF

出版　瑞昇文化事業股份有限公司
作者　片倉康博 田中美奈子
譯者　林美琪

總編輯　郭湘齡
文字編輯　徐承義　蕭妤秦　張聿雯
美術編輯　許菩真
排版　沈蔚庭
製版　明宏彩色照相製版有限公司
印刷　龍岡數位文化股份有限公司

ORIGINAL JAPANESE EDITION STAFF

デザイン　モグワークス
撮影　田中 慶　内田昂司
スタイリング　村松真記
モデル　momoe
編集　前田和彦　斉藤明子（旭屋出版）

法律顧問　立勤國際法律事務所　黃沛聲律師
戶名　瑞昇文化事業股份有限公司
劃撥帳號　19598343
地址　新北市中和區景平路464巷2弄1-4號
電話　(02)2945-3191
傳真　(02)2945-3190
網址　www.rising-books.com.tw
Mail　deepblue@rising-books.com.tw

本版日期　2020年7月
定價　380元

國家圖書館出版品預行編目資料

珍珠奶茶 水果茶開店夢想技術教本 /
片倉康博, 田中美奈子作 ; 林美琪譯. --
初版. -- 新北市 : 瑞昇文化, 2020.03
128面 ; 20.7 x 28公分
ISBN 978-986-401-405-7(平裝)

1.飲料 2.飲料業 3.創業

427.4　109002685

Tapioca Milk Tea Fruit Tea Drink

Originally published in Japan in 2019 by ASAHIYA SHUPPAN CO.,LTD..
Chinese translation rights arranged through DAIKOUSHA INC.,KAWAGOE.